U0271061

目 录

第一章

什么是人工智能？

　　韩国棋手李世石正在全神贯注地注视着一个布满黑色和白色棋子的木制棋盘。在这种源自中国的古老游戏——围棋领域，他曾是全世界最优秀的棋手之一。可就在不久之前，他却输给了一个叫阿尔法狗的人工智能程序。

　　围棋是我们至今还在玩的一种古老游戏。它起源于中国，至今已有2500年的历史。

坐在右边的李世石正在专心致志地研究棋局，而坐在左边的男士则在按照阿尔法狗的思路放置棋子。

阿尔法狗是一种人工智能（AI）程序，它能使计算机像人类一样学习、做决策、做回应。人工智能程序还可以自己独立地处理信息，程序员也可以用人工智能以不同的方式制造出计算机呢。

机器学习

如何区分狗和猫呢？当你看见一只小狗，你会马上说出它是什么动物，因为你见过狗。你见过它的耳朵、鼻子以及尾巴的形状，所以知道你看到的就是一只小狗。

猫和狗有很多相同的特征，比如它们都有耳朵和鼻子。你也可以从这些方面找出差异哦。

程序员创造的人工智能可以自己学习哦。所以，人工智能对具体情况所做出的反应是程序员无法预测的。

人工智能都是以相同的方式运行的。而如果要程序员把识别狗的所有编码都写出来，就很复杂了。所以聪明的程序员就利用机器学习功能，让计算机自己具备学习能力，从而识别出狗和其他动物的不同。

程序员会通过机器学习功能向人工智能展示出成千上万张狗的照片，聪明的人工智能会对照片内容进行分析比较，当计算机再次显示狗的照片时，人工智能就能识别出来啦。

聚焦编码

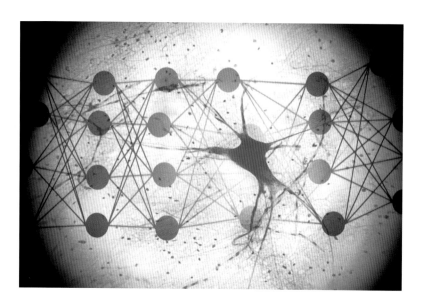

其实，人工智能的神经网络架构就像我们人类的大脑一样。人类大脑的神经元细胞彼此互相连接，且通过大脑发出信号。而人工智能神经网络是通过电子神经元层，在第一层分析简单的图像、声音或者文字片段，然后将此层的信息再传给下一层来分析其他部分。这一过程会不断进行，直到程序能够全面理解整个图像或声音。

程序员是怎么利用机器教阿尔法狗下围棋的呢？他们先用电脑向它展示很多关于围棋的游戏比赛，它就会从这些游戏比赛里学习围棋的走法，然后开始自我对弈，并不断通过增加练习来提升预测下一步的能力。电脑会逐步建立一个关于围棋知识的数据库，在围棋比赛时，就可以运用数据库里的知识来考虑棋子的最佳走法。

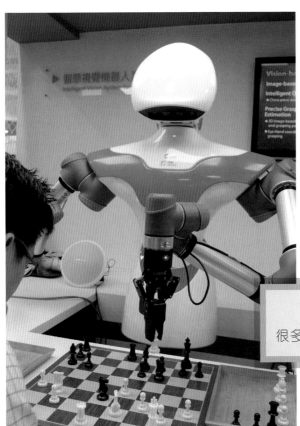

科学家们已经教会人工智能很多游戏啦，比如下国际象棋。

第二章

人工智能每一天

　　如今，人工智能正飞速成为我们日常生活的一部分。聪明的计算机不仅可以识别人脸和声音，还可以将互联网上的信息进行整理和分类。无论是在家还是在工作中，人们都在使用人工智能，你对它的依赖超乎想象！

人工智能可以识别你的声音。

图中的一家人正在与语音助手对话。内置的亚莉克莎（Alexa）语音助手，是亚马逊推出的一款虚拟语音声控助手。

智能家庭

想象一下，清晨你起床后准备去上学，在犹豫是穿T恤还是穿卫衣时，如果你问身旁的人："今天天气怎么样？"可能他们无法告诉你答案。然而你却听到了智能语音的回答："外面气温暖和，阳光灿烂。"那么你穿一件T恤就可以啦。

亚马逊的Echo语音助手还能帮你管理其他设置，比如记录和跟踪你的日常安排，或者与它对话。

　　如今，许多人都在使用虚拟助理，这些程序可能就装在我们的电脑或智能手机里，它里面装了一个与网络连接的话筒和其他装置。可爱的虚拟助理们会回应我们的语音要求，你可以请它帮忙查询天气预报，播放想听的音乐，甚至帮你开灯等。它的运行过程是这样的：当你和它对话时，它会通过分析你说话的语调和方式来理解你的要求，然后通过互联网，或者向一些应用程序发出信号，或者向其他设置获取需要的信息，最终对你作出回复。

人工智能正在发挥作用！

　　一些公司正在致力于研究无人驾驶汽车。这些汽车就是通过人工智能技术来分析周围路况，从而决定去哪里、附近的车况如何，以及什么时候该停车等。程序员无法告诉汽车在行驶过程中遇到突发情况该怎么办，使用人工智能就可以提示如何驶入新路和避开交通意外。

当你在网上购物时，聪明的人工智能会识别你的购买偏好，然后向你推送相似商品的广告。

智能化互联网

我们在网上购物时也会用到人工智能。如果你网购过一本书，下次再登录那个网站时，它就会给你推荐其他相关图书。网站是通过获取你的历史购买信息，来筛选出相关类别的图书并推荐给你。电视和电影流媒体服务功能也在 使用相似的技术向观众推荐电视节目和电影呢。

社交媒体也在使用人工智能啦。当你向社交媒体上传一张图片，人工智能程序会将这张照片和你与朋友的其他照片进行对比，通过脸型、面部特征以及发色来识别出谁在这张照片里。人工智能还可以识别出你爱看猫咪的搞笑视频，然后向你推荐更多的猫咪视频哦。或者，你经常发布关于足球的内容，它就会推荐相关的足球文章给你。人工智能就是通过追踪和记录你的爱好来找出你想看到的东西。

如果你喜欢这样有趣的猫咪照片，在线人工智能程序一定会保证你在网上看到更多这样的图片。

第三章

人工智能在工作中的运用

人工智能能做的不仅仅是陪你玩游戏和帮你购物这么简单，它在某些专业领域也发挥着非常重要的作用。尤其是快速整理和分析相关信息的能力，对于很多工作来说都至关重要！

人工智能可以帮你完成一项原本需要很多人才能完成的工作。

法律上的论据往往是基于之前案例的结果。人工智能可以帮助律师通过对之前法律案件的整理分类，找出对案例有益的论证材料。

律师们在帮助个人和公司处理法律事务时，要想通过合理的论据来为一场官司进行辩护，就要了解诸如历史、法律等诸多信息，然而，搜寻这些信息往往需要花费数月时间。但让人工智能来做这项工作就便捷多了。它能对成千上万的法律案件进行整理和分类，并对这些论据和结论进行比对，这样，律师们就能轻松知道用哪些论据更能打赢官司啦。

科学现实还是科学幻想？

人工智能可以写故事啦！

这可不假哦！

一些新闻机构已经开始使用人工智能编写简单的故事了，比如体育报道等。有的研究团队也在使用人工智能编写恐怖故事。但不管是恐怖故事，还是体育报道，现阶段，人工智能还无法独立完成创作，它需要参照以前写过的故事作为范本，来写接下来的内容，或者要了解体育报道的写作风格才能完成创作。

如果人工智能越来越擅长写作，那么像图中这样的新闻编辑室，可能就不再需要这么多人来工作啦。

在紧急医疗情况下，急诊科的医生需要迅速确诊病情，那么X射线检查以及人工智能就能帮上忙了。

　　医生们也在使用人工智能。我们都知道，X射线图可以拍摄人体内部的照片，医生通过它可以判断骨折或其他问题。但在X光片下，医生可能很难注意到很小的肿瘤，或者轻微的骨裂。而对于人工智能来说，它可以快速比较同一身体部位的许多不同的X射线图，从而轻易地找出微小的隐患和问题。

不同的治疗方法对癌细胞会产生不同的疗效。人工智能可以帮助医生进行对比和分析。

　　人工智能还可以协助医生治疗一些疾病，比如癌症。它不仅能分析患者的病情、研究病例报告，还能提供治疗方案和全世界范围内其他患者的病例信息。医生需要花费大量的时间来整理这些信息，而人工智能程序能够快速确认病情，并确定最佳治疗方案。

校园日常

　　现在，学校的老师们也在使用人工智能了！要知道，每个学生的学习方法都是不同的，老师没有时间和精力去一一分析并找出适合他们的方法。这时候，老师可以使用人工智能来记录和追踪学生在学习中擅长的，以及容易出错的部分。这样一来，老师就知道该如何帮助每个学生轻松面对功课了。

人工智能程序可以追踪和记录学生的学习情况，帮助老师节省了不少时间！

第四章

人工智能的未来

　　现在很多人都在关注人工智能的未来，他们觉得计算机有一天会变得比人类更为聪明。如果真是那样，计算机可能就会做坏事了。所以有些人认为，人工智能将来可能会威胁到我们的生活。

　　在威尔·史密斯主演的电影《我，机器人》中，人工智能机器人对人类构成了威胁。

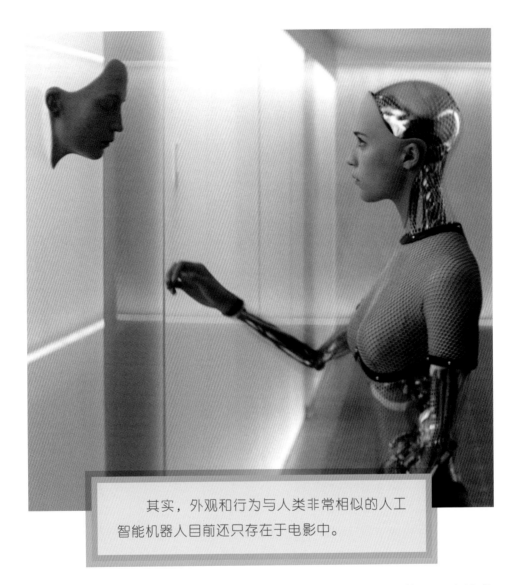

其实，外观和行为与人类非常相似的人工智能机器人目前还只存在于电影中。

　　现在有很多关于人工智能主题的书籍、电影和电视节目，在这些故事中，我们看到的人工智能机器人长得很像人类。我们和它们一起工作，甚至成为朋友。或许有一天，我们会真的拥有这样的人工智能机器人哦。

科学家们正在致力于研究可以表达人类情感的机器人。图中的机器人"小姐姐"的脸和手臂在表达惊讶的情绪。

　　这类拥有人工智能技术的机器人可以独立地思考、表达自己、做出回应，可以和我们正常交流、表达情感。这样一来，我们就很难区分人类和机器人了。然而，程序员还没有完全开发出完美全能型的人工智能。

到目前为止，我们还只有专业性的人工智能，也称弱人工智能。这种人工智能只能完成指定任务，而无法完成程序没有设定的任务。比如设定的只会下围棋的人工智能是不会下国际象棋的，协助律师处理事务的人工智能是没办法驾驶汽车的。研究人员认为，这样的人工智能还会被我们使用很长一段时间。至于那种拥有创造力，并且想法和表现都和人类一样的完美全能型人工智能，可能还需要更长一段时间才会出现。

大部分机器人只能做指定的工作，像图中的这个机器人正在做披萨。

科学现实还是科学幻想？

人工智能可以创造出新的人工智能啦！

这可不是幻想哦！

美国谷歌公司已经创建出能够制造子人工智能的人工智能系统，名为自动化机器学习（AutoML）。要知道，由它制造的人工智能识别图片的能力，要比人类制造的人工智能的识别能力强得多哦。即使没有受过机器训练，也没有学习过人工神经网络架构的人，也可以使用AutoML来创建人工智能程序。这种程序的出现会使人工智能越来越普及，并且随着使用的增加，人工智能的开发会更快速、更智能。

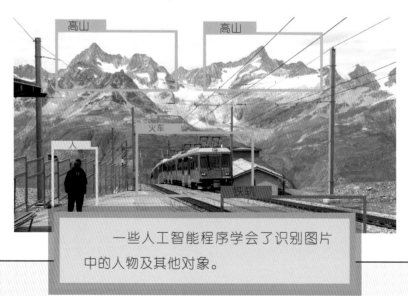

一些人工智能程序学会了识别图片中的人物及其他对象。

人工智能对我们的帮助

大多数人都觉得，人工智能将会使我们变得更有智慧，更有创造力，在工作中表现得更好。比如，一些围棋选手通过阿尔法狗学习到了新的走法来提高棋艺。也许电脑还可以教授我们很多其他的技能。可爱的人工智还能帮助我们人类抗御癌症、终止战争和保护环境。

人工智能还可以让地球保持洁净哦！图中这个可爱的人工智能机器人正在法国附近的港口收集垃圾呢。

人工智能技术进步的脚步从未停止，没人能预测出它的未来会怎样，但可以确定的是，有朝一日它将会非常重要。

一些人觉得和机器人交流沟通比和人舒服得多。科学家正在开发图中这种可以和自闭症患者进行沟通的人工智能机器人哦。

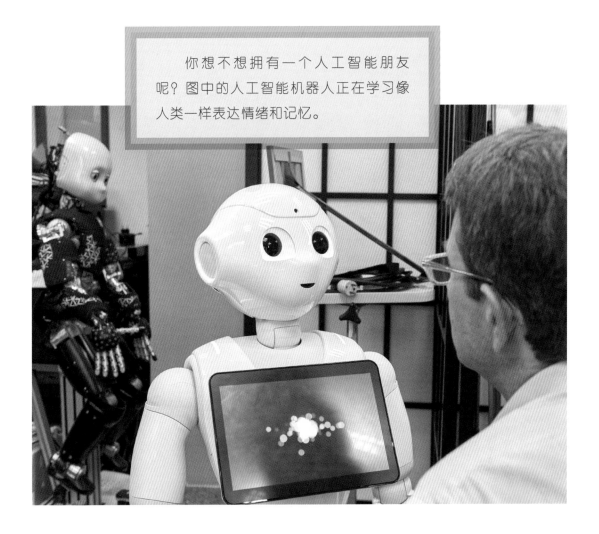

你想不想拥有一个人工智能朋友呢？图中的人工智能机器人正在学习像人类一样表达情绪和记忆。

或许有一天，你会在人工智能领域取得下一个突破，或者与你合作完成项目的就是身旁一个聪明绝顶的人工智能机器人。可能对于现在的你来说，做梦也想不到吧！

术语表

分析：谨慎仔细地研究。

代码：生成计算机程序的指令。

数据库：储存在计算机内的有组织的信息集合。

专业性的：涉及具体特定领域的工作。

程序：计算机用以执行和完成的指令。

程序员：设计电脑程序的人。

追踪：追随或观察某人的踪迹。

虚拟的：存在于电脑或者网络上的。

相关图书及网站推荐

推荐图书

1.乔什·格雷戈里著，《人工智能》，美国安阿伯市：樱桃湖出版社出版，2017年。

从这本书里了解更多关于人工智能的过去、现在和未来吧！

2.凯伦·勒珍娜·肯妮著，《孩子一看就懂的尖端技术——机器人》，美国明尼阿波里斯市：勒纳出版社出版，2019年。

阅读关于机器人的一切，比如长相酷似人类的人工智能机器人。

3.玛丽·林登著，《人形机器人》，美国明尼阿波里斯市：勒纳出版社出版，2018年。

人工智能仿人形机器人是怎样被制造出来的？未来它又会是什么样的呢？

推荐网站

1. 给孩子的机器人网站

http://www.sciencekids.co.nz/robots.html

好玩的游戏、项目、视频等，关于机器人和人工智能的一切等你来哦！

2. 自动驾驶汽车

http://mocomi.com/self-driving-cars

来看人工智能的又一炫酷应用！

3.什么是人工智能？

https://www.kidscodecs.com/what-is-artificial-intelligence

来了解更多关于人工智能的知识和用途吧！

索引

图片版权声明